REMARQUES

SUR LES PROBLÈMES PHYSICO-MATHÉMATIQUES

DE LA

PHYSIOLOGIE HUMAINE

REMARQUES

SUR LES PROBLÈMES PHYSICO-MATHÉMATIQUES

DE LA

PHYSIOLOGIE HUMAINE

PAR G. PERRY.

PARIS

IMPRIMERIE DE A. PARENT,

IMPRIMEUR DE LA FACULTÉ DE MÉDECINE,

31, rue Monsieur-le-Prince, 31.

—

1867

REMARQUES

SUR LES PROBLÈMES PHYSICO-MATHÉMATIQUES

DE LA

PHYSIOLOGIE HUMAINE

L'étude des phénomènes qui se passent dans l'intérieur des milieux vivants conduit aux mêmes problèmes que l'on considère en physique mathématique, et, en outre, à une foule de problèmes analogues, compris dans cet énoncé : déterminer, à l'intérieur d'un milieu donné, certaines quantités qui varient, en général, d'un point du milieu au voisin et d'un instant au suivant, ou, pour parler le langage des géomètres, certaines fonctions des coordonnées et du temps. Cet énoncé comprend, comme cas particulier, le cas de l'état stationnaire dans lequel les fonctions ne contiennent que les seules coordonnées.

Nous nous proposons de signaler ici quelques-uns de ces nouveaux problèmes de physiologie, et de chercher comment il convient de les aborder, lorsqu'il s'agit des milieux qui constituent le corps humain, c'est-à-dire des plus intéressants de tous les milieux naturels, mais aussi des moins accessibles aux procédés d'investigation connus.

La courte note qu'on va lire ne renferme que des indications très-sommaires. On nous pardonnera cette concision, si l'on juge qu'il n'est pas complétement inutile de signaler une nouvelle classe de problèmes physiologiques, qui réclament des méthodes d'étude nouvelles, et qu'il faut cependant éviter de rien affirmer prématurément.

I.— Il suffira, pour énoncer les problèmes dont il s'agit, de passer en revue les phénomènes essentiels dont s'occupe la physiologie générale, et de nommer à mesure les différentes fonctions des coordonnées et du temps introduites par l'étude de ces phénomènes. En effet, à chacune de ces fonctions correspond un problème spécial qui consiste à la déterminer, d'après les conditions auxquelles elle doit satisfaire.

Il convient de commencer cette revue par les fonctions que l'on retrouve à propos de tous les milieux naturels, vivants ou inorganiques.

La température est une des plus remarquables. Il n'est pas besoin d'insister sur l'importance du rôle de cette fonction dans les phénomènes biologiques, et sur la nécessité d'en étudier les variations d'une manière précise. Les cliniciens ont suffisamment compris cette nécessité, puisque, dans les salles d'hôpital, on trace les courbes qui représentent la manière dont la température varie en un point du corps. Un pas de plus, et on voudra savoir comment elle varie d'un point à un autre d'un milieu donné; si ses variations ont quelque influence pour déterminer la transformation des matériaux en un point plutôt qu'en un autre, ce qui paraît assez probable. Or, la température a une certaine valeur en chaque point et à chaque instant; on peut donc se proposer de déterminer cette valeur en fonction des coordonnées et du temps, et de chercher si elle obéit aux mêmes lois que dans les milieux inorganiques.

Les milieux vivants sont élastiques. Les forces élastiques et les projections du déplacement d'un élément de volume, desquelles dépendent les forces élastiques, y sont des fonctions, des coordonnées et du temps, que l'on peut se proposer de déterminer. Quelles sont, dans les milieux vivants, les équations générales de l'élasticité, les expressions des forces élastiques par les déplacements, les lois de ces déplacements eux-mêmes, ce sont là autant de questions qui se rattachent à la détermination des fonctions signalées, et qui ne laissent point de présenter quelque intérêt; car, sans faire jouer à l'élasticité un rôle exagéré, on peut bien reconnaître, par exemple, qu'elle est sollicitée par la déformation musculaire, et que cette déformation ne peut avoir lieu sans développer un certain travail des forces élastiques; qu'une pression exercée sur un nerf donne lieu au phénomène d'où résulte la sensation.

Nous abrégeons à dessein l'énumération des fonctions que considère la physique mathématique des milieux inorganiques, pour arriver plutôt à celles qui appartiennent à la physiologie propre-ment dite, et qui sont tout autrement importantes, bien qu'elles aient avec les premières des relations incontestables.

Le fait essentiel de la physiologie des milieux, c'est la rénovation de la matière pondérable. A lui seul, il distingue complétement les milieux vivants des milieux inorganiques. Nous verrons dans la deuxième partie de cette note à quelles consé-quences il conduit relativement à l'objet qui nous occupe; bornons-nous pour le moment à remar-quer que l'étude de ce phénomène introduit natu-rellement un grand nombre de fonctions des coor-données et du temps, soit que l'on regarde le milieu comme formé de molécules pondérables qui se renouvellent, soit que, évitant de parler des molé-cules elles-mêmes, on se borne à définir certaines quantités variables d'un point au voisin et d'un instant au suivant.

En effet, on peut aborder de ces deux manières les problèmes relatifs aux phénomènes intérieurs des milieux naturels. Si l'on admet l'existence des molécules, un élément de volume, découpé dans un milieu en rénovation, doit être considéré comme un système de molécules en mouvement. La somme des masses des molécules de chaque espèce contenues dans l'élément de volume, les quantités qui dépendent de leurs distances mutuelles, les moments d'inertie, les quantités de mouvement, de force vive, de ce système, et une foule d'autres quantités, sont, en général, variables d'un instant au suivant, et d'un élément de volume au voisin. Ce sont des fonctions des coordonnées et du temps ; et on peut juger qu'il ne serait pas inutile de les connaître avec quelque précision. Même remarque pour cette fonction qu'on nomme potentiel, et dont la dérivée suivant une certaine direction donne la composante de l'attraction exercée suivant cette direction. Cette fonction, qui joue un si grand rôle dans les mouvements des systèmes célestes, doit en jouer un également dans l'étude des systèmes moléculaires dont nous nous occupons. On sait que l'électricité a aussi son potentiel, et que son influence dans les phénomènes intérieurs des milieux vivants est considérable, bien qu'imparfaitement connue.

Si l'on voulait absolument éviter de parler des molécules, on pourrait considérer immédiatement les fonctions des coordonnées et du temps qui se trouvent naturellement introduites par l'étude de la rénovation ; par exemple, le poids de matière qui entre dans un élément de volume en un instant, et le poids de matière qui en sort ; le poids de matière qui traverse un élément plan de direction donnée ; et cela, relativement aux différentes espèces de substances simples ou composées dont on veut suivre la rénovation à travers le milieu. Ces quantités sont, en général, fonctions des coordon-

nées et du temps, mais il va sans dire qu'elles peu-
vent, particulièrement, être indépendantes du
temps, ou même se réduire à des constantes abso-
lues.

Les phénomènes de la genèse signalent un certain nombre de fonctions du genre de celles dont
nous parlons ici. Il est clair d'abord que la réunion
de matériaux en un point plutôt qu'en un autre,
indique qu'une certaine quantité au moins n'a pas
la même valeur en tous les points du milieu, et est dès
lors fonction des coordonnées. Le problème consiste
à déterminer cette fonction qui préside à la réunion
ou à la transformation des matériaux en certains
points. Un problème qui se rapproche de celui-là
consiste à trouver les équations des surfaces qui li-
mitent les éléments anatomiques. Pour connaître
les équations de ces surfaces, il faut en trouver les
premiers membres, qui sont des fonctions des coordonnées, lors de la forme stationnaire. Par exem
ple, il serait bien intéressant de savoir si les noyaux
histologiques dits ovoïdes sont, à l'état normal, des
élipsoïdes. Les propriétés physico-mathématiques
du système ellipsoïdal donnent quelque probabilité
à cette supposition.

En même temps que le nombre des éléments
anatomiques augmente, ces éléments prennent des
positions relatives régies par des lois bien remarquables. S'ils se fixent en un point plutôt qu'en un
autre, c'est sans doute qu'une certaine quantité n'a
pas en ce point la même valeur que partout ail-

leurs, et est, par conséquent, fonction des coordonnées; et le problème consiste à déterminer cette nouvelle fonction, qui préside à la disposition mutuelle des éléments.

Toutes les questions que nous soulevons en ce moment sont relatives au sujet si intéressant des formes organiques. Si la nature se montre géométrique dans les formes des cristaux, elle l'est tout autant, et avec une richesse incomparablement plus grande, dans les formes des êtres vivants. La disposition des tubes nerveux relativement aux couches de cellules nerveuses rappelle singulièrement les surfaces orthogonales; les sortes de hiles que l'on observe sur un grand nombre d'organes, et surtout sur un grand nombre de fruits, ressemblent beaucoup à ce que donne la transformation de cônes par rayons vecteurs réciproques. Enfin, l'infinie variété des formes organiques, comprises dans un même plan général, fait songer aux méthodes de transformation, si fécondes, qui se rattachent à la considération du potentiel cylindrique, et sur lesquelles M. Haton de la Goupillière a présenté dernièrement un mémoire remarquable (1). Sans doute, il est difficile, pour le moment, de dire quelque chose de précis sur ces sujets si importants; mais on peut, on doit même, indiquer les problèmes qui s'y rattachent, et dont la solution paraît indispensable pour l'intelligence complète des phénomènes.

Ce qui précède est relatif aux phénomènes plasti-

<hr>

(1) Voir aussi J. Warner. *Organic morphology.* Philadelphia, 1857.

ques des milieux. Certains milieux ont, de plus, des modes d'activité spéciaux ; telles sont les substances musculaire et nerveuse.

Il paraît probable aujourd'hui que les milieux vivants, et surtout les deux que nous venons de nommer, dépensent, ou plutôt transforment la puissance motrice, comme l'indique la théorie dynamique de la chaleur. S'il en est ainsi, la quantité, exprimable en dynames, de la force motrice transformée en un instant par un élément de volume d'un de ces milieux en activité, est, en général, une fonction des coordonnées et du temps, à laquelle on pourrait peut-être donner le nom de dépense ou d'activité. Déterminer cette fonction revient à chercher comment le milieu travaille en chaque point et à chaque instant.

Dans le milieu musculaire, on peut encore chercher à déterminer les lois du déplacement des éléments de volume lors de la déformation, ce qui revient à déterminer les projections de ce déplacement en fonction des coordonnées et du temps. Les mouvements dits amiboïdes, plus généraux peut-être qu'on ne l'a cru jusqu'à présent, et d'autres encore, donnent lieu au même problème. On sait déjà que la contraction musculaire a lieu sans changement de volume. Cela paraît indiquer que les projections du déplacement sont, suivant l'expression de M. Lamé, les dérivées réciproques de trois fonctions ; condition nécessaire pour que la dilatation cubique soit nulle partout.

Enfin, les phénomènes intérieurs des centres

nerveux nous offrent les problèmes les plus importants de tous. Si l'on connaissait, en dynames, comme nous l'avons expliqué il y a un instant, l'activité de chaque cellule nerveuse d'un centre gris, cette valeur serait, dans le cas le plus général, variable d'une cellule à une autre, et en une même cellule, d'un instant au suivant; ce serait encore une fonction des coordonnées et du temps, et cette fonction serait discontinue relativement aux coordonnées. Mais on conçoit que, si l'on pouvait observer les valeurs réelles de cette fonction en chaque cellule, on arriverait à représenter cette fonction discontinue, par une fonction interpolaire continue, assujettie à la condition de reproduire, dans l'étendue du système de cellules considéré, les valeurs de la fonction discontinue données par l'observation; on peut donc considérer cette fonction continue à la place de la fonction véritable, avec certaines précautions toutefois (voir Lamé, coordonnées curvilignes, § I), et l'on est conduit à chercher la fonction continue des coordonnées et du temps, qui reproduit, en chaque cellule et à chaque instant, les valeurs de l'activité nerveuse. Cela s'applique à la couche corticale commé à tout autre dépôt de substance grise; et les lois mathématiques de la fonction que nous venons de définir ne sont sans doute pas étrangères aux lois des phénomènes de conscience. Nous touchons ici au sujet le plus élevé de la physiologie humaine.

II. — Quand on réfléchit à la manière d'aborder les

problèmes du genre de ceux que nous venons d'énoncer, ce qui se présente tout d'abord à l'esprit, c'est d'essayer si l'on pourrait appliquer au corps humaine la mécanique rationnelle et la physique mathématique proprement dite. Ce serait supposer implicitement que les principes physiques qui servent de base à ces théories (voir Lamé, discours préliminaire, publié séparément, du cours de 1861-62, § X) sont applicables au corps humain, ce qui est seulement probable, mais non rigoureusement démontré aujourd'hui.

De plus, si l'on voulait calculer les mouvements des molécules pondérables directement, on serait peut-être arrêté par la complication des calculs. D'ailleurs, on ne connaît pas encore les actions mutuelles des molécules. Nous croyons d'après cela que, si l'on veut se mettre à l'abri de toute objection, il ne faut invoquer, dans la mécanique rationnelle et la physique mathématique, lorsqu'il s'agit des milieux vivants, que ce qui est indépendant des principes physiques de ces sciences, par exemple, la cinématique pure, les théories des coordonnées curvilignes, des fonctions inverses, et la géométrie à quatre variables, qui n'est, à proprement parler, que la théorie générale des phénomènes définis par la variation de fonctions des coordonnées et du temps. Nous ajouterons que toutes ces théories, purement mathématiques, doivent servir de guide à l'expérience, en lui indiquant les points précis sur lesquels elle doit interroger les faits.

Mais, par cela même qu'elles donnent les lois

communes à tous les phénomènes, elles ne sauraient suffire pour déterminer complétement une fonction particulière. Pour arriver à cette détermination complète, il faut nécessairement interroger les faits en bannissant toute hypothèse auxiliaire, et c'est là sans doute la partie la plus difficile du travail.

Remarquons d'abord qu'il ne saurait s'agir de déterminer une fonction identique à elle-même pour tous les individus, ni pour tous les états d'un individu désigné. Le fait seul de la rénovation indique que, si la forme de la fonction se conserve dans ces cas divers, les coefficients au moins doivent pouvoir changer. C'est aux faits à nous montrer à quoi nous devons nous en tenir là-dessus.

Cette réserve faite, comment diriger l'expérimentation dans le but de déterminer la fonction, autant que cela est possible? C'est assurément là une des questions qui méritent le plus d'attirer l'attention des physiologistes, puisqu'il s'agit de pénétrer dans l'intérieur même des milieux. Disons-le de suite, nous croyons que, pour cet objet, les méthodes aujourd'hui connues sont insuffisantes.

En effet, étant donné un milieu naturel, si l'on veut en étudier les phénomènes intérieurs, c'est sur ce milieu même qu'il faut expérimenter, et non sur un autre analogue; lui seul doit fournir le point de départ et la vérification des calculs. C'est le seul moyen d'éviter des discussions embarrassantes, et surtout l'incertitude dans l'application pratique. Or, c'est précisément ce que l'on ne sait pas encore faire lorsqu'il s'agit du corps humain.

Il faudra donc, tôt ou tard, apprendre à expérimenter sur l'homme ; et ce qu'il y aurait de mieux peut-être, ce serait de s'y exercer dès à présent. Cela est difficile, sans doute ; mais Plateau, Chevreul, Gratiolet, ont montré que cela n'est pas absolument impossible. D'ailleurs, on n'y réussira qu'en s'en occupant. Peut-être les difficultés spéciales de cette expérimentation directe sont-elles compensées par des avantages spéciaux. En voici un, par exemple, qui est propre à la physiologie humaine : c'est que certains phénomènes intérieurs d'un de nos milieux se trahissent *immédiatement* par des phénomènes de conscience ; privilége caractéristique, dont on pourra peut-être profiter pour étudier les phénomènes intérieurs de ce milieu. Remarquons incidemment que cette relation entre deux ordres de phénomènes si différents en apparence, est l'unique source de nos connaissances physiques.

Si les réflexions que nous venons de présenter ne paraissent pas dénuées de fondement, on pensera sans doute que ce qui importe le plus, pour le moment, aux progrès de la véritable médecine expérimentale, c'est de perfectionner les méthodes d'expérimentation directe sur l'homme, et l'emploi de l'instrument mathématique comme auxiliaire indispensable de ces méthodes.

A. Parent, imprimeur de la Faculté de Médecine, rue Mr-le-Prince, 31